AF461935

BIBLIOTHÈQUE **COLORIÉE** POUR LA JEUNESSE

LES ANIMAUX

PAR

NAPOLÉON ROUSSEL

PARIS
GRASSART, LIBRAIRE-ÉDITEUR
3, rue de la Paix, et rue Saint-Arnaud, 4

1862

LES

ANIMAUX

LES ANIMAUX

Je n'ai pas oublié, mes jeunes amis, qu'à la première page du précédent volume, je vous ai promis de vous amuser. Pour cela, j'ai commencé par supprimer les longues leçons de morale, car je sais que vous n'avez guère de goût pour de tels festins ; je ne vous ai pas même parlé science, ce qui ne vous aurait guère plus amusés que la morale. Je vous ai donc surtout raconté des anecdotes, et je vais continuer. Toutefois laissez-moi vous faire remarquer en passant que si personne n'écoutait la morale, le monde serait plein de brigands, de voleurs, d'impies, de vagabonds, et que, dès lors, vous, qui êtes là, paisibles et heureux, vous pourriez bien être volés et tués... Si personne n'aimait la science, vous n'auriez ni ces maisons confortables, ni ces habits commodes, ni cette nourriture choisie ; et vous seriez encore dans les bois, vivant de racines, logeant dans les cavernes, et disputant votre vie aux bêtes féroces. Vous voyez que morale et science sont bonnes à quelque chose... Mais vous aimez mieux les histoires ; pour me faire lire, je vais vous en donner.

Si vous aviez aimé la morale, je vous aurais fait observer qu'avec un tel amour vous n'auriez pas besoin d'en entendre les conseils ; je vous aurais dit que les leçons de morale ne sont utiles qu'à ceux qui ne les aiment pas, et qu'elles sont d'autant plus nécessaires qu'on les goûte moins.

Si vous aviez aimé la science, je vous aurais dit que les animaux se rangent en quatre grands embranchements : les *vertébrés*, les *mollusques*, les *articulés* et les *rayonnés ;* que chez les vertébrés, on distingue ceux à sang chaud et ceux à sang froid..... Mais non, vous n'aimez pas la science, vous préférez des récits amusants ; donc, pour vous complaire, au lieu d'appeler ce volume, les Quadrupèdes, je le nomme, les Animaux. Peut-être auriez-vous trouvé le titre encore plus piquant si j'avais dit *les Bêtes !* Voyez où nous conduit l'horreur de l'étude ! Enfin je vous l'ai promis, je dois tenir parole ; je vais vous amuser le plus possible et vous faire de la morale et de la science le moins que je pourrai ; ou plutôt je m'efforcerai d'en faire sans que vous vous en aperceviez ; ce sera le remède au fond de la coupe emmiellée...

Regardez donc notre première gravure : ce cheval, ces ânes, ce chien, ce chat, ces moutons, cette chèvre ; quelle aimable et paisible société ! comme on prend plaisir à reposer son regard sur cette réunion ! On se sent là comme chez soi ! On voudrait être à la campagne dans une bonne ferme pour vivre au milieu de tous ces êtres comme au sein de sa famille. Eh ! qui sait ? peut-être un jour aurez-vous ce bonheur ! Peut-être, quand vous serez grands, irez-vous vivre dans les champs, planter des choux, semer du blé, engraisser des troupeaux. Qu'élèverez-vous de préférence, des moutons ou des chevaux? des ânes ou des chèvres? Pour décider votre choix, vous ferez bien d'apprendre à connaître tous ces gens-là. Je vais les faire passer les uns après les autres sous vos yeux.

LE CHEVAL

Je commence par le cheval, parce que je pense que c'est l'animal que vous aimez le mieux de tous ceux qui sont ici. Et, en effet, c'est la créature à la fois la plus gracieuse, puissante, agile, soumise, utile, et même douce, qu'on puisse rencontrer. Les chevaux sauvages eux-mêmes vivent en société, premier signe que le cheval était appelé à la compagnie de l'homme. Les animaux qui vivent isolés dans les bois ne seraient guère disposés à s'unir à nous, alors même que nous les traiterions bien. Mais ceux que le Créateur a formés pour devenir nos serviteurs, se reconnaissent à ce trait que dans l'état de complète liberté ils sont déjà en troupeaux.

N'est-ce pas une grande bonté de Dieu qu'il ait ainsi commencé lui-même l'éducation de ces animaux pour nous la rendre plus facile?

Une autre particularité du cheval vient encore nous persuader qu'il est bien destiné à vivre auprès de l'homme : cet animal, malgré sa grande force, n'attaque jamais, il se contente de se défendre ; aussi le Créateur ne lui a-t-il donné ni griffes, ni cornes ; pas même des dents aiguës. Vous représentez-vous ce qu'il arriverait dans nos écuries, dans nos champs, dans nos régiments de cavalerie, si les chevaux étaient agressifs? Comme ils briseraient leurs liens, tueraient leurs maîtres! Heureusement il n'en est pas ainsi, et ces sages animaux nous donnent en cela une leçon dont nous ferons bien de profiter : se défendre, toujours! attaquer, jamais! Si l'homme suivait cette règle du cheval, nous n'aurions plus de guerre dans le monde, et nos coursiers, au lieu de nous aider à tuer nos frères, resteraient paisiblement avec nous dans les champs et les cités pour partager nos travaux et nos plaisirs... moins la triste et diabolique jouissance de détruire. Alors vous pourriez en avoir d'autant plus facilement dans votre métairie, qu'on en aurait moins besoin pour former des bataillons.

Cette cavalerie me rappelle une histoire qui montre encore combien le cheval est non-seulement le compagnon, mais encore l'ami de l'homme, son possesseur. Une fois, un détachement suisse s'empara d'un certain nombre de chevaux de l'armée allemande, alors son adversaire. Ces chevaux, montés par les ennemis, furent conduits au combat contre leurs anciens propriétaires. Mais dès qu'ils entendirent la trompette et reconnurent l'uniforme de leurs premiers maîtres, ils prirent la fuite et emportèrent prisonniers leurs propres ravisseurs.

Décidément, nous aurons des chevaux dans notre métairie... Toutefois prenons-y garde : cette bête, si docile envers ceux qui la traitent bien, est aussi capable de rancune envers qui la brutalise. On a vu un cheval, maniable pour tout le monde, devenir méchant envers un homme toutes les fois que celui-ci venait à l'écurie. Pourquoi? — Cet homme avait frappé la bête sans nécessité.

C'est égal, nous aurons des chevaux; car nous sommes bien décidés à ne pas les malmener.

L'ANE

Je me rappelle avoir vu dans une gymnastique un petit garçon monté sur un cheval, au dos de cuir et aux jambes de bois. Il fallait voir comme notre cavalier se tenait droit, frappait de la cravache, donnait de l'éperon ! Il fallait voir avec quel courage il tapait la pauvre bête ! Et qui lui donnait ce courage ? C'est qu'il savait bien que le cheval de bois ne lui rendrait pas ses coups.

Eh bien ! de même savez-vous pourquoi certains petits garçons à cheval sur un âne se permettent de le frapper à coups de gaule sur l'échine, ou à coups de talons sous le ventre ? Savez-vous pourquoi ces cavaliers tirent hardiment leur monture par les oreilles ou par la queue ? C'est tout simplement parce qu'ils savent que l'innocente bête est si patiente, si bonne, qu'elle ne leur rendra pas leurs mauvais coups ! Est-ce du courage ou de la lâcheté ?

Pauvre bête ! cher petit âne ! Ah ! si tu devenais petit garçon, je suis bien sûr que tu te conduirais mieux ! Tu crierais bien comme lui, mais ce serait pour braire et non pour dire des injures ; tu frapperais bien du pied, mais ce serait sur la terre et non sur la peau de ton bidet. Ou peut-être que si tu devenais petit garçon, tu perdrais ton bon naturel d'âne. Reste donc, ce que tu es, bon et bête ; cela vaut mieux que fanfaron et batailleur.

Bête, ai-je dit ? J'ai eu tort : l'âne n'est pas si bête qu'il le semble. L'âne même est artiste ; s'il ne fait pas de la bonne musique, du moins il l'aime ; n'est-ce pas là tout le talent musical de la plupart des gens qui se moquent de lui ? Un jour, dans un jardin, un âne près la fenêtre d'un salon y entendit une dame chanter en s'accompagnant sur le piano. Il écouta longtemps avec patience et plaisir ; mais le plaisir surmonta la patience ; l'animal enthousiasmé entra dans la chambre, et pour témoigner son admiration, se joignit au concert !

Enfin ce qui prouve que l'âne vaut bien tant de grands personnages dont l'histoire nous raconte les hauts faits, c'est que lui, comme Henri IV, comme Alexandre, a inspiré un poëme que je vais vous donner tout entier dans une page.

Que je te plains, pauvre ânichon,
Un lourd fardeau sur tes échines,
Et recevant, quand tu chemines,
Plus d'injures que de chardon !

Vif ou soumis, quoi que tu vailles,
Coups de fouet, coups de bâton
D'un grand ou petit polisson,
Te payent dès que tu travailles !

Parfois, pour les récompenser,
Chiens, chats, ours et singes peut-être,
Obtiennent les caresses d'un maître ;
Mais toi, qui vient te caresser ?

Petit ânon, dans ton étable
Tu n'as pas notre dignité ;
Nous non plus ton humilité.
Des deux, laquelle est plus aimable ?

Mais un Dieu devait t'exalter :
Sur toi, mis au rang des immondes,
Celui qui gouverne les mondes
N'a pas dédaigné de monter !

LA CHÈVRE

Aurons-nous aussi des chèvres dans notre métairie? Quand on voit cet animal aux jambes grêles et à la longue barbe, perché au sommet d'un rocher se dessinant en silhouette dans les airs, on lui trouve un air sauvage qui ferait douter qu'il fût appelé à vivre dans nos champs et sous nos soins. Mais il faut se dire qu'à l'origine il en était ainsi de tous les animaux. Les mieux habitués à nos demeures ont jadis vécu libres dans les forêts ; ils ont en quelque sorte changé de nature par l'éducation. Vous voyez encore ici que l'instruction est bonne à quelque chose. Sans elle le cheval prendrait la fuite ; l'âne vous donnerait des coups de pied ; la chèvre des coups de cornes, et la vache vous refuserait son lait !

La chèvre a si bien perdu sa sauvagerie, qu'on peut dire qu'elle s'est humanisée. Que dis-je, humanisée ? elle a fait plus et mieux, et je vais vous citer un exemple où elle a surpassé l'homme en humanité. Comparez ma chèvre moderne avec un roi de l'antiquité.

Un jour, un monarque grec et un prince inconnu suivaient la même route, exactement sur la même ligne, mais en sens différent, et se rencontrèrent nez à nez. Que faire pour se croiser ? Se détourner un peu l'un ou l'autre et même tous les deux. Mais chacun crut ce détour contraire à sa dignité et voulut continuer sans dévier d'un cheveu ; aussi chacun trouva-t-il tout simple de tirer son épée, de se battre et de tuer l'impertinent qui voulait faire comme lui. Voilà l'humanité de l'homme. Voyons l'humanité de la chèvre dans la même position.

Deux chèvres se rencontrent sur le bord d'un rocher si étroit, que les deux bêtes ne pouvaient se croiser. Que feront-elles ? Rebrousseront-elles chemin ? Mais le passage est si difficile qu'il ne leur est pas plus possible de virer de bord que d'avancer. Alors l'une, en reine grecque, poussera-t-elle la princesse inconnue dans l'abîme? Non ; la chèvre n'a pas de si hautes prétentions. Nos deux sœurs se regardent un moment; puis l'une ploie les genoux, s'étend peu à peu et se fait si petite que l'autre s'élance et saute par-dessus. Voilà de l'adresse et de l'humanité!

Mais je veux vous citer un trait de la chèvre, qui vous touchera plus que le précédent.

Un père et une mère, partis par la diligence, laissaient à la ville une chèvre qui avait longtemps allaité leur nourrisson qu'ils espéraient sevrer; mais on ne sèvre pas un enfant dans une nuit, et celui-ci se mit à crier. Au relais, on demanda du lait, il ne s'en trouva point; l'enfant pleurait toujours, les parents se désolaient, et la mère dit enfin : Ah! si nous avions encore notre bonne chèvre! A l'instant on frappe à la portière, la mère ouvre et la chèvre nourrice se présente! La pauvre bête s'était échappée, avait suivi la voiture, et dès qu'on s'était arrêté pour changer de chevaux, elle était venue offrir ses services à son nourrisson.

Décidément, nous aurons des chèvres aussi ; mais nous ne prendrons pas par les cornes celles qui viennent nous donner du fromage et du lait.

LE CHIEN

Aurons-nous aussi des chiens? Oui, et même plus d'un : un bouledogue pour garder la maison, un lévrier pour chasser les renards, un chien de berger pour garder les moutons, et un épagneul pour nous caresser. Et croiriez-vous, mes amis, que tous ces chiens, dont le plus gros égale presqu'un âne, et dont le plus petit est au-dessous d'un chat, croiriez-vous que tous ces animaux viennent d'une souche unique? Voilà l'exemple le plus frappant de ce que peut l'éducation ! Elle change non-seulement la taille, mais les instincts, les goûts, les aptitudes ; de même que parmi les hommes on forme des soldats, des négociants, des danseurs, on forme, parmi les chiens, des guerriers, des chasseurs, voire même des mathématiciens. Si les chiens eux-mêmes font des études, vous, hommes en herbe, n'en feriez-vous pas? J'espère que vous ne consentirez pas à vous laisser devancer par de tels rivaux. Je vais donc vous en proposer quelques-uns à dépasser.

Un chien de Terre-Neuve de la plus haute espèce, nommé Neptune, était revêtu des fonctions de panetier dans une maison. Tous les jours on l'envoyait le matin chez le boulanger. Il emportait un panier au fond duquel était l'argent, et revenait le panier rempli de pain. Ce qu'il y avait de plus remarquable, c'est que le chien ne se présentait jamais le dimanche pour accomplir sa mission; il savait donc compter jusqu'à sept et connaissait les jours de la semaine. Une fois qu'il cheminait, le panier garni de petits pains, un autre chien se présente et cherche à dérober son déjeuner. Neptune pose calmement son fardeau sur le trottoir, donne une leçon de probité à son frère en lui tirant les oreilles et lui mordant la queue; et puis il reprend sa corbeille et continue son chemin. Voilà donc un chien commissionnaire pour porter le pain, mathématicien pour compter les jours, et professeur pour donner des leçons ! Voudriez-vous aller à son école et l'avoir pour maître ? Non. Tâchez donc d'en savoir plus que lui ; et je vous donnerai pour nouveau modèle le chien-étudiant. Ecoutez.

Un élève en médecine allait au cours de sa Faculté, accompagné d'un caniche à la toison blanche, qui prenait place à côté de lui sur le banc et restait immobile, regardant le professeur. Un jour de grande pluie, bien des élèves manquèrent à la leçon. Les absents étaient si nombreux, que le magister en lunettes ne put s'empêcher d'en faire la remarque à haute voix, ajoutant, comme fait le plus étrange, que son élève le plus assidu, le paletot blanc, lui-même n'était pas là ! Or, il n'y avait parmi tous ces jeunes gens que le chien qui fût vêtu de blanc ! Si vous étiez aussi tranquille, aussi attentif que ce caniche, devant vos maîtres, je suis sûr que vous feriez plus de progrès que lui, et même plus que vous n'en faites vous-mêmes maintenant.

LE CHAT

Silence! Silence! Ecoutez bien. Qu'est-ce donc? Entendez ces sanglots qui viennent du fond de ce palais. Voyez cet air triste sur toutes les figures, regardez cette foule de gens qui se pressent à la porte et ce cortége de pleureurs, qui, à la suite d'une momie embaumée, se dirigent vers une pyramide colossale. Qui donc est mort? — Un chat! — Qui pleurent ces Egyptiens? — Un chat! — Pour qui la pyramide? — Pour le chat!

— Mais est-ce un conte ou une histoire, que vous nous faites?

— C'est une histoire très-historique de ce qui se passait autrefois en Egypte à l'époque où les hommes étaient assez stupides pour faire de leurs bêtes des dieux ! Et c'est Hérodote qui nous apprend qu'à la mort de leurs chats, les Egyptiens faisaient entendre de tristes et longues lamentations. Voilà quels sont les dieux des peuples qui ne connaissent pas l'Evangile : des chats, des bœufs, des éléphants ! Oh ! mes amis, combien nous devons nous sentir heureux que la Bible nous ait débarrassés de toutes ces divinités de basse-cour, en nous apprenant qu'il n'y a qu'un seul Dieu, esprit, saint, bon, puissant, créateur des cieux et de la terre !

Les Chinois ne sont guère plus avancés que les Egyptiens à cet égard. Les grandes dames du Céleste-Empire n'adorent pas leur chat, mais elles le traitent en grand seigneur, le dorlotent sur un sopha de satin, lui mettent des pendants d'oreilles, et ornent sa personne de pierres précieuses et de diamants !

Quant à nous, nous serons plus raisonnables dans notre métairie : nous n'admettrons le chat, ni dans la cuisine, ni dans le salon ; nous l'enverrons à la cave et au grenier chasser les souris ; s'il ne les mange pas, du moins les obligera-t-il à se retirer et à respecter nos provisions. Je vous engage, en attendant, à ne pas trop fréquenter sa société, car si vous le maltraitez, le chat vous griffera ; et si vous lui donnez du lait, il ne prendra plus de souris. Il faut, à l'exemple du chat, savoir se faire respecter, et rester chacun à sa place : l'enfant dans les appartements et le minet partout, les appartements exceptés. Donc nous aurons un chat, mais nous n'en aurons qu'un, à la cave, au grenier, mais non pas au salon.

LE PORC

J'ai dit le porc, parce que je n'ai pas osé dire le cochon. Et pourquoi ? Parce que nous avons une répugnance instinctive à nommer même un animal dont le nom seul est une insulte. Mais pourquoi ce nom est-il une insulte? Quelle idée apporte-t-il à notre esprit? L'idée de malpropreté. Songez qu'en voyant vos mains noires, votre figure ternie, vos vêtements boueux, ceux qui vous regardent font ce que je viens de faire : ils pensent un mot qu'ils n'osent pas prononcer, et de ce mot ils font votre nom !

Oui, la malpropreté, voilà ce qui nous blesse chez autrui et même chez le cochon. Ce n'est ni pour sa sauvagerie, ni pour sa sottise que le porc est méprisé.

Il est si loin d'être sauvage, que c'est un des animaux qui vivent le plus volontiers en société. La vie de famille est connue de lui ; mari et femme, parents et enfants, à l'état sauvage, vivent ensemble d'une manière édifiante. Les fils d'une génération sont amis même de leurs frères de la génération suivante. Quant à l'intelligence, je veux vous citer un de ces traits de finesse qui prouve que le porc est loin d'en être dépourvu.

Un chien et un cochon vivaient en camarades sur le pont d'un navire, se promenant ensemble, mangeant ensemble, aboyant et grognant à deux parties. Malheureusement, le chien seul avait une niche pour la nuit. Quand son compagnon s'y présentait, le dogue montrait les dents. Quelque peu humilié, le cochon ruminait en lui-même comment il pourrait s'y prendre pour faire déguerpir le chien et se loger lui-même ; il imagina d'aller le soir de bonne heure prendre le premier possession de la cabane. C'est ce qu'il fit. Le chien vint à son tour. Le porc grogna, et l'expulsé s'en retourna méditant comment il pourrait prendre sa revanche. Il ne trouva rien de mieux que d'imiter le cochon ; et le jour suivant, il se rendit au chenil avant même que le soleil fût couché. Son ami vint... mais la place était prise.

Cette fois, le cochon eut recours à un nouveau stratagème. Se promenant, la tête basse et méditative, sur le pont, il rencontre une assiette d'étain, la prend entre ses dents, vient la déposer en face de la loge, et là se met à laper comme si l'assiette contenait un mets friand. A ce bruit, le chien lève la tête, tend l'oreille ; et, comme son ami lui tourne le dos et l'empêche de voir le bon morceau imaginaire qu'il fait semblant de manger, le chien accourt prendre sa part ; alors, sans l'attendre, le cochon lui abandonne l'assiette vide et va prendre le lit encore chaud !

Je pourrais vous citer plus d'une anecdote qui montre que cet animal ne manque pas d'intelligence, et que s'il nous inspire du dégoût, ce n'est pas pour sa sottise, mais pour son manque de propreté. On serait parfois tenté de lui dire : va te laver; mais on réfléchit et on se le dit à soi-même.

LA VACHE

Il va sans dire que nous aurons des bœufs dans notre métairie ; mais combien ? Pour répondre à cette question, voyez à quel usage nous les emploierons.

D'abord, nos bœufs accouplés à la charrue, laboureront nos champs ; attelés à nos charrettes, ils transporteront nos blés, nos raisins, nos moissons de toutes espèces. S'ils mangent nos foins, ils nous donneront par compensation leurs fumiers pour engraisser nos terres. Voilà déjà bien des services, et ce n'est pas tout. Si par malheur une de leurs cornes se brise, nous en ferons un instrument de musique agreste pour appeler les troupeaux ; ou bien des boîtes, des peignes, de la colle. Quand le bœuf nous aura rendu tous les services qu'il peut rendre vivant, nous lui demanderons encore ceux qu'il peut accorder après la mort ; ainsi, de sa chair nous ferons du bouilli et du bouillon ; de sa peau, des souliers, des bottes, des malles, des selles, des lanières, et mieux que tout cela, nous en relierons nos livres ; de ses muscles, nous ferons ce qu'on appelle des nerfs de bœuf pour battre les habits, et des cravaches pour faire avancer nos chevaux. Comme nous aurons à faire bâtir des granges, nous mêlerons le poil du bœuf à notre mortier pour rendre la maison plus solide. Ses cartilages eux-mêmes fondus nous donneront de la glu pour prendre les oiseaux ; ses os pilés serviront à purifier la cassonade de la raffinerie voisine, d'où, en échange, on nous enverra un pain de sucre raffiné. Enfin, de son fiel lui-même, nous tirerons parti pour nettoyer nos vêtements ! Que de choses encore on peut obtenir de cette bonne bête, qui n'obtient de nous qu'un peu de foin ! Aussi aurons-nous pitié d'elle ; nous la soignerons bien et ne la ferons pas trop travailler. Nous nous rappellerons de cette douce parole : « Tu n'emmuselleras pas le bœuf qui foule ton grain. » Certes, si l'on doit des égards à qui rend des services, le bœuf est digne de la plus haute considération.

Et sa femelle donc? quelle bonne personne! comme sa marche est paisible! comme son regard est doux et son lait abondant! Savez-vous que sans la vache, des millions de Français seraient privés chaque matin de leur café au lait? Savez-vous que sans elle nous n'aurions presque pas de beurre? La vache fait la plus grande douceur de nos repas et l'ornement de nos desserts : son fromage, s'il n'est pas le meilleur, est le plus abondant; c'est celui du pauvre, et à ce titre nous lui devons encore plus de reconnaissance.

Mais ce qui, je l'espère, recommandera plus encore la vache à vos sympathies, c'est la sympathie qu'elle-même a pour ses petits, et même pour vous, mes enfants. Ecoutez deux histoires : une sur les veaux, une sur vous.

Un paysan ayant obtenu un veau, vendit la vache, sa mère, dans une ville voisine, et l'acheteur l'emmena dans sa nouvelle écurie, bien loin de la première. La vache ne dit rien, mais elle n'en pensa pas moins, et dès qu'elle put s'échapper, elle vint seule à travers la grande ville et de vastes champs, à la porte de l'étable qui contenait son nourrisson. Voilà comment l'amour maternel donne de la mémoire, du courage et de l'esprit! Mais voici quelque chose de plus extraordinaire, c'est vraiment de la magnanimité!

Une vache paissait paisiblement dans une prairie. Un jeune garçon s'amusait à la tourmenter. D'abord la vache le laissa faire; comme le petit polisson s'enhardissait, elle le chassa comme elle chassait les mouches, avec le plumeau de sa queue. La mouche humaine fut plus taquine que les mouches ailées: notre bambin vint mettre une paille sous le museau du paisible colosse, qui alors, sans s'impatienter, enfourche sa corne dans les habits du petit garçon, comme elle avait vu son maître enfoncer son trident dans une botte de foin; puis, redressant la tête, elle enlève l'enfant de terre et le porte en l'air jusqu'au bord du champ où se trouvait le chemin. Là, elle dépose le marmot sur la grande route, et retourne brouter son herbe en paix. L'enfant en fut quitte pour la peur; mais quelle peur! On dit qu'il n'y est jamais retourné. Je le crois bien.

LE MOUTON

Vous croyez sans doute que je vais vous parler de l'innocence de l'agneau, de la douceur de la brebis, et de l'utilité du mouton, nous donnant habits et nourriture? Eh bien, non! je vais vous parler de la stupidité de toutes ces bêtes, et même de celle de l'âne, de la vache, du bœuf, et de la nombreuse société qui remplit les étables, les basses-cours et nos champs. Oui, cette stupidité, ou, pour être plus exact, cette étroitesse d'intelligence fait mon admiration. Et si vous voulez bien m'écouter un instant, vous serez de mon avis.

Supposez un moment que nos moutons aient la finesse du renard; supposez que nous ayons ainsi à garder dans une prairie trois ou quatre cents quadrupèdes rusés; comment nous en tirerions-nous? Ce serait une lutte constante entre les chiens gardiens et les animaux gardés; les uns débaucheraient les autres, tous ensemble prendraient la fuite après avoir peut-être tué le berger.

Supposez de même que le bœuf et la vache aient la malice du singe. Croyez-vous qu'ils continueraient, le premier à labourer, la seconde à nous donner son lait? Non; mais ils gagneraient la forêt, nous laisseraient bêcher nos champs et boire de l'eau claire.

Vous voyez donc que la stupidité des animaux domestiques nous est très-utile; elle fait notre force; elle nous donne des serviteurs puissants et soumis. J'ai donc bien raison d'admirer la sagesse du Créateur, qui a bien voulu que les bêtes les plus propres à travailler la terre, à nous donner leurs toisons, à nous nourrir de leurs chairs, fussent en même temps assez pauvres d'intelligence pour se soumettre à nous. Ce n'est ni la brebis, ni sa stupidité, que j'admire, mais bien Celui qui a fait la stupide brebis.

Si le mouton manque d'esprit, il ne manque pas de cœur; une anecdote va vous le montrer. Un jour, un voyageur voit venir à sa rencontre une brebis bêlante, qui s'attache à ses pas sans le connaître. Il ne doute pas que la bête n'ait une intention à son égard, et comme cette intention ne peut être mauvaise de la part de cette innocente créature, le voyageur la caresse pour lui faire comprendre qu'il se met à sa disposition. Le cœur donne de la tête ; la pauvre mère comprend et se met à trotter devant le voyageur. Ce dernier suit, et tous deux arrivent vers un monceau de pierres, où un pauvre petit agneau avait une patte prise entre deux gros cailloux ; tous les efforts qu'il avait faits pour se dégager n'avaient servi qu'à déchirer sa peau, user ses forces, et l'agnelet restait là gisant, près de mourir. C'est alors que la mère était venue implorer le secours du voyageur. Eh bien ! cette tendre affection de la brebis ne vaut-elle pas mieux que la ruse du renard, qui vole nos raisins et saigne nos poulets ?

Aussi, sa douceur et son innocence ont-elles toujours été prises pour modèles. Le Sauveur du monde lui-même a voulu se comparer à une brebis muette devant celui qui la tond, à un agneau qui se laisse égorger pour le bien de ses bourreaux ! Le choix seul de cet emblème recommande à nos sympathies les êtres faibles, qui ne sont faibles que parce que Dieu les a faits ainsi pour nous servir. Rendons grâces au Créateur, et respectons la créature, son ouvrage.

LE CERF

Nous avons vu ailleurs que c'est une loi voulue de Dieu, que bon nombre des êtres vivants se fissent la guerre et se dévorassent les uns les autres. Mais, à cet égard, il y a une grande différence entre les animaux privés de raison et l'homme raisonneur, je ne dis pas raisonnable; or, cette différence n'est pas à notre honneur. On a remarqué que les animaux les plus féroces, par exemple, le tigre et le lion, ne se livraient à leur instinct vorace que lorsqu'ils y étaient poussés par la nécessité. Ces animaux, rassasiés, n'attaquent jamais l'homme; quand ils ont bien dîné, ils se respectent les uns les autres; et si parfois ils font de si grands ravages, c'est qu'ils y sont contraints par une voracité inconnue parmi nous. On peut donc dire que les animaux sauvages ne tuent guère que pour manger et pour vivre.

Mais, de l'animal civilisé, il n'en est pas ainsi : l'homme tue souvent pour le plaisir de tuer! Il nourrit, il soigne à grands frais du gibier dans des lieux bien fermés, et il le lâche ensuite dans une forêt pour se donner la jouissance de courir après lui et de le tuer. Voilà donc la différence essentielle sur ce point entre l'homme et la bête : la bête tue par besoin; l'homme tue par plaisir! Il appelle cela de la gloire! moi je l'appelle de la cruauté. Dites-moi, dans le récit que je vais vous faire, qui excite le plus votre intérêt.

Un chasseur avait atteint d'une balle un cerf qui, malgré sa blessure, fuyait encore dans la forêt. L'homme poursuivit l'animal et le trouva dans un fourré, gémissant et de grosses larmes dans les yeux. Il allait tirer un second coup, lorsqu'il aperçut deux autres cerfs venir, attirés sans doute par les cris plaintifs de leur compagnon; et, en effet, les deux amis de la victime se mirent à lécher la plaie saignante, comme s'ils avaient voulu la guérir. Le patient en fut soulagé; il cessa de se plaindre; et comme il paraissait mieux aller, bien qu'il fût incapable de fuir, le chasseur lâcha son second coup de fusil et lui perça le cœur!

Si les cerfs se battent quelquefois entre eux, ce n'est jamais sans un motif puissant. Ces combats ont lieu entre les mâles, qui, comme vous le savez, sont munis de longues cornes branchues, qu'on appelle des bois. C'est avec cette arme qu'ils se frappent, et il arrive que ces cornes rameuses s'embarrassent si bien les unes dans les autres, qu'il devient impossible aux combattants de se séparer. Alors, comme punition de leur haine mutuelle, les deux ennemis sont obligés de vivre ensemble, côte à côte, liés par la tête! On en a trouvé qui étaient morts ainsi. N'est-ce pas une image bien frappante de ces hommes qui traînent liés à leur corps jusqu'à la mort leur ennemi, c'est-à-dire le péché? et qui meurent avec lui! Oh! que le cerf ainsi entravé aurait été heureux, si une main charitable était venue le débarrasser de son adversaire qu'il traînait partout avec lui ! Eh bien ! mes amis, débarrassez-vous donc vous-mêmes, dès à présent, de cet ennemi, le mal avec lequel vous êtes liés, et pour cela appelez la main charitable de Jésus, qui pardonne et qui sauve ceux qui se confient en Lui.

LE RENARD

Vous avez entendu parler des ruses du renard, et vous n'avez fait qu'en rire parce que ces ruses étaient tournées contre des vaniteux tels que le corbeau. Mais si ce rusé compagnon vous avait joué quelque tour à vous-mêmes, probablement vous ne trouveriez plus ses malices si plaisantes. Voyez, par exemple, si vous auriez aimé prendre la place de l'homme au renard dont je vais vous raconter l'histoire.

Un paysan, une bêche sur l'épaule droite, allait à son travail, lorsqu'il rencontra sur sa route un renard étendu sans mouvement. L'homme approche, la bête reste immobile; le paysan, ne doutant plus que le renard ne soit mort, le prend par la queue, le balance en l'air, et finit par le jeter sur son épaule gauche, faisant contre-poids à son outil. Pendant qu'il continuait son chemin, songeant à son heureuse trouvaille, la bêche pointue grattait désagréablement les moustaches du renard qui voulait bien passer pour mort, mais qui cependant ne voulait pas qu'on en abusât jusqu'à lui bêcher le museau. Ainsi, la fine bête profitant de sa position, la tête tournée vers le sol, plus haut que les cuisses du porteur et plus bas que ses reins, mordit celui-ci profondément et se remit à jouer le rôle de trépassé. Le paysan, aussi surpris qu'offensé, crut qu'un ennemi venait l'attaquer; jetant à terre bêche et renard, il se retourne vivement, et ne voit personne. Il se dispose à reprendre sa double charge... mais, ô surprise, il ne trouve plus le renard défunt, et l'aperçoit au loin vivant qui se sauve à toutes jambes !

Voyons quel petit garçon aurait voulu prendre la place et la morsure de ce paysan ? En attendant qu'il s'en trouve un, je vais vous donner le pendant de cette anecdote pour une petite fille.

Une servante entre un jour dans son poulailler, où

se trouvaient de nombreuses volatiles, pour y prendre des œufs. Quelle n'est pas son horreur en voyant des morts et des mourants jonchant la terre : poules, canards, dindons, tout y avait passé, et le meurtrier lui-même, le renard était là, couché parmi les morts! Le scélérat avait sans doute dévoré tant de gibier, qu'il en était crevé d'indigestion ; cette justice naturelle satisfit si bien la servante, qu'elle saisit le renard par la queue et le lança sur le fumier. Aussitôt, profitant de la distance, le prétendu mort ressuscite et se sauve au nez de Babet! Voyons, petites filles, qui de vous veut être Babet?

Vous le voyez, le renard est loin d'être un animal intéressant, sa ruse le fait haïr par tout le monde, je veux dire par tous les animaux. Chose étrange! ses propres cousins le détestent, et le chien, qui ne chasse pas volontiers le loup, le loup, qui ne se bat pas volontiers contre le chien, prennent tous deux le plus grand plaisir à poursuivre le renard. Ce ne sont pas seulement les quadrupèdes, grosses bêtes, ce sont encore les petits oiseaux qui font la guerre à ce fin matois. Les oiseaux s'entendent entre eux pour déjouer ses ruses.

Tandis que le renard se glisse sans bruit le long d'une haie pour y saisir les petits êtres qui peuvent s'y trouver, la pie, le merle voltigent le long du même buisson pour avertir les victimes par un cri particulier. Cet avis compris par les animaux leur fait prendre la fuite, et compris par les chasseurs, les met sur la trace du maraudeur ; si bien que le renard, au lieu de prendre, se trouve pris. Vous le voyez, le monde entier, hommes et bêtes, détestent les rusés ; quant à vous, mes amis, vous ferez encore mieux en détestant la ruse.

LE BLAIREAU

Si nous devons chasser le renard pour conserver nos raisins et nos poules, nous n'avons plus les mêmes raisons pour détruire les blaireaux. Au contraire, ces petites bêtes, qui passent paisiblement le jour dans leur terrier, nous débarrassent la nuit d'une multitude d'animaux malfaisants. S'ils ont un défaut, c'est la paresse. Mais tâchons de nous en corriger avant de la leur reprocher. Cette paresse leur coûte cher parfois ; ils se laissent prendre, et quand ils sont apprivoisés, ils viennent s'étendre au coin du feu, si près, si près, qu'ils finissent toujours par se brûler. Je termine à leur sujet par une anecdote qui vous fera connaître combien les blaireaux s'aiment entre eux, et combien, hélas ! l'homme est cruel envers eux comme envers tant d'autres créatures qui ne lui font que du bien.

Deux voyageurs, accompagnés d'un chien, rencontrèrent un blaireau sur leur route ; le chien le poursuivit, le tua. Jusque-là rien à dire ; il suivait son instinct. Les deux voyageurs, pour emporter la victime, eurent l'idée de lui façonner une espèce de lit en branchages, et de le traîner ainsi après eux. Ils avaient à peine fait ainsi quelques pas, qu'ils virent un autre blaireau vivant les suivre en poussant des cris plaintifs. Les voyageurs, touchés de son malheur..... lui jetèrent des pierres ; rien n'y fit, et le blaireau vivant vint se placer sur son ami mort, le lécha, le caressa et ne voulut plus s'en séparer ; ni homme, ni chien, ni pierres, ni bâton ne purent l'éloigner. On résolut dès lors de l'emmener avec le défunt. La caravane parvint de la sorte au village ; une foule de curieux s'amassa, et cette tendresse de la bête parut si étrange à l'homme, qu'on déclara que ce blaireau devait être une sorcière ! Aussi fut-il à l'instant même tué ! — Hélas ! son crime était d'avoir une peau bonne à vendre ! Sous la superstition se cache toujours un motif intéressé.

LE LIÈVRE ET LE LAPIN

Je connais une petite fille de trois ans qui, à propos de tout ce qu'elle voit, de tout ce qu'elle entend, et de tout ce qu'on lui dit, répète toujours : Pourquoi ceci ? pourquoi cela ? Et sans cesse son éternel pourquoi, pourquoi ? J'ai fini par me demander aussi pourquoi cette enfant, comme beaucoup d'autres, avait sans fin cette question à la bouche ; or, comme je crois que nos instincts sont voulus de Dieu dans un but utile, j'en ai conclu que la petite fille avait reçu le penchant à questionner, afin que les grandes personnes, en lui répondant, eussent l'occasion de l'instruire.

Du reste, ce pourquoi est un hommage rendu à notre Créateur : il suppose qu'il y a toujours un motif pour que les choses soient ce qu'elles sont, et par conséquent, que tout ici-bas est fait avec ordre. Ainsi, en jetant les yeux sur notre gravure, vous verrez que notre lièvre a de grandes oreilles, des pattes de devant plus courtes que celles de derrière, et toujours rapprochées l'une de l'autre. Probablement vous me demanderez pourquoi ces grandes oreilles? pourquoi ces pattes plus courtes les unes que les autres? pourquoi ces pieds posés ensemble? pourquoi même cette petite queue blanche, tandis que tout le corps est fauve? Je vais répondre à tous vos pourquoi, et vous verrez que Dieu ne fait rien sans raison.

On peut dire qu'en général le Créateur a donné aux animaux les moyens de pourvoir à leur existence; mais des moyens très-divers : à ceux-ci des armes d'attaque; à ceux-là des armes de défense; ainsi, le renard a des dents tranchantes et des griffes aiguës pour saisir et déchirer sa proie; mais le lièvre a de grandes oreilles mobiles pour mieux entendre venir son ennemi, et de longues pattes de derrière pour mieux lui échapper. Si ses deux pattes de devant sont habituellement jointes, c'est pour être toujours prêt à partir. Donc : grandes oreilles, longues pattes de derrière, pieds joints en avant, tout concourt au but : faciliter la fuite du lièvre pour lui sauver la vie.

— Et sa couleur, pourquoi donc est-il fauve ?

— Probablement pour la même raison. On a remarqué qu'en général les animaux sont à peu près de la couleur des milieux où ils vivent, comme pour se confondre avec leurs alentours, et ainsi mieux se dérober aux regards de leurs ennemis. Par exemple, notre lièvre, qui est jaune, au milieu de nos blondes moissons, est quelquefois blanc dans les neiges de l'Ecosse. De même en est-il de l'ours brun dans nos bois, blanc sur les glaces du pôle. Il n'est pas jusqu'à la grande timidité du lièvre qui ne lui soit utile. La pauvre bête n'a ni griffes acérées, ni dents tranchantes pour se défendre ; il fallait bien lui donner au moins la peur pour fuir le danger ! Mais je vais vous raconter une histoire qui vous montrera que le lièvre en sécurité devient tout autre, et, au lieu de fuir, sait au besoin caresser ses amis et souffleter ses adversaires.

Le poëte Cowper s'était donné la société de trois lièvres nommés Pouce, Tinet, et Baisse. Il leur bâtit une chambre à coucher, et le jour il travaillait avec eux dans son cabinet d'étude. Pouce, le plus familier, aimait à sauter sur les genoux de son maître, et là, dressé sur les jambes de derrière, il grattait avec ses pattes de devant le front du poëte, comme s'il avait voulu en faire jaillir les rimes et les idées. Puis, faisant trois tours sur lui-même, il finissait par se coucher et s'endormir sur la chaude couchette du pan d'habit. Cowper, le voyant si bien apprivoisé, lui permit de l'accompagner au jardin, où le lièvre se promenait le jour, et d'où il rentrait le soir au logis. Quand son maître tardait plus que de coutume à partir avec son compagnon pour cette promenade journalière, le lièvre venait de ses deux pattes battre du tambour sur les genoux de son maître, de ses dents saisir et tirer le pan de son habit pour l'engager à sortir. Après le souper, ces trois messieurs étaient admis au salon, et venaient y jouer mille tours de gentillesse où Pouce avait toujours les honneurs. Un soir, le chat de la maison était de la partie; il se permit de donner un coup de patte qui n'était pas de velours sur la joue de Pouce. Celui-ci, indigné, se redresse et se met à tambouriner de ses deux pattes sur le dos du minet, si bien et si fort, que le matou se sauve à toutes jambes et court se cacher.

Les lapins ressemblent assez aux lièvres pour ne pas les séparer ici. Nous ferons bien d'en avoir dans notre métairie, car il n'y a peut-être pas un second animal qui se multiplie aussi abondamment. Un couple peut en produire près d'une centaine par an, et si chaque union en donnait autant même après la seconde année, nous en aurions bientôt par milliers.

Ne remarquez-vous pas la bonté de Dieu, qui a voulu que les animaux les plus inoffensifs fussent ainsi les plus abondants? Il en est de même d'une classe d'animaux qui peuvent nous fournir une nourriture dans toutes les saisons et sur tous les points du globe, sans même que nous en prenions aucun soin; je veux parler des poissons. On a vu des carpes qui renfermaient trois cent mille œufs! Si tous arrivaient à éclosion, un seul couple aurait donc fourni trois cent mille dîners au genre humain. Vous le voyez, la sagesse de Dieu brille partout, jusqu'au fond des mers, en y multipliant à l'infini les êtres qui peuvent nous nourrir, et qui sont incapables de nous offenser.

L'ÉCUREUIL

Rien ne révèle mieux le Créateur que l'ordre qui règne dans la nature. Toutes les parties de l'univers sont liées entre elles, toutes se correspondent, s'harmonisent, s'emboîtent si bien, qu'il devient évident que toutes viennent d'un même auteur.

Cet ordre se montre dans la ligne non interrompue des êtres vivants ; et pour nous en tenir à l'exemple que nous fournit notre sujet, il y a ordre, lien, trait-d'union entre les quadrupèdes et les oiseaux. Quoi de plus différent en apparence qu'un ours et une hirondelle ! Et cependant, vous allez voir qu'en suivant la ligne de leurs frères et sœurs, on finit par découvrir le point où ces deux familles s'unissent.

D'abord, mes enfants, vous reconnaîtrez sans peine qu'il y a de grandes ressemblances, même au premier coup d'œil, entre l'ours et l'écureuil : tous deux sont quadrupèdes, tous deux vivent dans les bois, se nourrissent d'herbe, grimpent sur les arbres, ont une chaude fourrure ; tous deux même se tiennent assis sur leur derrière. Je vous cite ces traits de ressemblance parce qu'ils sont les plus frappants pour vos yeux d'enfants. Mais maintenant prenez vos yeux de grande personne, si vous voulez apercevoir les ressemblances de l'écureuil et de l'oiseau.

Il y a quelques années, lorsque j'habitais au sommet d'une maison, j'avais dans ma poche un petit écureuil. Je me mis à la fenêtre de l'appartement ; il fit de même et se mit à la fenêtre, de ma poche ; je me penchai pour voir un petit jardinet au bas de la maison ; l'écureuil, aussi curieux que moi, se pencha pour voir ce qui se passait dans la cour ; mais il se pencha si bien, ou plutôt, si mal, qu'il trébucha du quatrième étage en bas ! Hélas ! je le crus mort ! Eh bien ! non ; je courus le chercher et je le trouvai très-vivant. La seule trace de sa chute était imprimée sur le bout de son museau qui avait pénétré dans la terre fraîchement remuée du jardin. Comment expliquer cette chute sans accident d'un quatrième étage, si ce n'est d'abord parce que l'écureuil est léger comme un oiseau ; ensuite qu'en écartant ses quatre pattes et tendant sa peau comme une chauve-souris, il présentait à l'air une large surface qui le soutint, de même que cet air supporte un cerf-volant, large et léger ? Enfin, ce qui dut alléger l'écureuil, ce fut son parachute, c'est-à-dire sa longue et large queue, plus large et plus longue que touffue, qui, dès lors, avait plus de surface que de poids, si bien qu'elle joua le rôle d'un parapluie déployé au vent; si elle ne souleva pas l'écureuil, du moins elle ralentit sa descente, et l'animal arriva sur le sol beaucoup plus légèrement que ne le ferait, par exemple, une tortue.

Voilà donc déjà quelques traits communs entre l'écureuil et l'oiseau. Ce n'est pas tout, les longs poils de cette queue y sont plantés comme les barbes d'une plume. Ce n'est pas tout encore : certains écureuils ont entre les pattes de devant et les pattes de derrière une membrane souple, un pli de peau qui s'étend comme une toile quand l'animal s'élance dans les airs. Cette peau, cette toile étendue d'une patte à l'autre, et à droite et à gauche, existe chez la chauve-souris comme chez l'écureuil, et chez les deux sert à supporter l'animal dans le vide ; la seule différence c'est que la chauve-souris agite cet appendice comme une aile, tandis que l'écureuil ne fait que le déployer comme un parachute. Ce qui démontre qu'un demi-vol est bien dans la nature de l'écureuil, c'est son genre de vie. Il ne marche ni ne vole complètement; mais saute de branche en branche, d'arbre en arbre, et parcourt ainsi entre ciel et terre toute une forêt. Il s'élance de loin, son parachute s'ouvre, l'air y pénètre, et l'écureuil-oiseau arrive, sans se heurter, à sa destination.

Voilà donc l'écureuil et la chauve-souris qui se tiennent par la main ou par la patte : tous deux ont presque des ailes : la chauve-souris un peu plus, l'écureuil un peu moins, et ainsi ces deux degrés, ces deux animaux servent à relier les quadrupèdes et les oiseaux. Cette chaîne des êtres vous fait saisir l'ordre de la création, et par là l'unité et la puissance du Créateur.

J'aurais pu vous parler encore de bien des choses intéressantes sur cette gentille petite créature : par exemple, de son nid ouvert par les deux bouts qu'elle ferme d'un côté pour s'abriter du vent, et des deux pour se garantir de la pluie ; j'aurais pu vous parler de sa prudence, pourvoyant à ses besoins d'hiver en cachant de distance en distance dans le sein de la terre, des glands qui, parfois oubliés, se trouvent donner avec le temps une forêt de chênes au profit de nos foyers et de notre marine. J'aurais pu vous apprendre encore... mais vous avez si grande peur de la science, que pour vous plaire, ou, du moins, pour ne pas vous ennuyer, je dois couper court ; mais quand vous aimerez un peu plus l'instruction, je vous en dirai plus long.

LE SINGE

Mes amis, seriez-vous par hasard de la famille des singes ? Cette question, qui vous fait rire, est cependant bien importante. Si l'homme n'est qu'un singe plus parfait que l'orang-outang, vivons pour boire, manger et gambader ! mais, si l'homme est l'image de Dieu, prenons garde de ne pas déroger à notre grandeur ! Examinons.

Et, d'abord, si vous n'avez jamais vu de singe, regardez la gravure. Vous serez frappés des ressemblances extérieures de cet animal avec l'homme : sa position habituellement assise, sa marche parfois debout, ses mains saisissant comme les nôtres, sa face intelligente, ses yeux mobiles, son front découvert, sa chevelure longue, tout cela rappelle dans le singe la forme humaine.

Sa structure intérieure ne ressemble pas moins à la nôtre. Comme nous il a un cœur et des poumons ; ses dents, pour la forme et pour le nombre, se rapprochent encore des nôtres.

Mais, ce qui vous frappera surtout, c'est la similitude de ses actes avec ceux de l'homme. On a vu des singes habiter nos demeures, revêtir nos habits, s'asseoir à nos tables, servir comme valets, coucher dans un lit, faire leur toilette, et surtout jouer des tours malicieux comme nos enfants. Par exemple, un singe qui venait de voir des matelots peindre leur navire, s'empara d'un pinceau pendant leur absence, le trempa dans la couleur, et alla barbouiller un de ses frères, des pattes jusqu'au museau ! On en a vu un autre monter à cheval à rebours sur un cochon, la bride naturelle à la main ! Un autre, à qui l'on donnait du sucre quand il toussait, avait la malice de tousser pour en obtenir. Je vous citerai un dernier trait. Un missionnaire avait un singe qui le suivait partout, excepté quand il allait remplir quelque fonction ecclésiastique. Un jour que le prêtre devait débiter un sermon, le singe s'échappa, et vint à l'église se poster sur un point élevé, où le prédicateur ne l'aperçut pas d'abord, mais où toute l'assemblée le vit dès son apparition. L'éloquence du Révérend Père se manifesta bientôt par l'agitation de ses bras, de sa tête, de tout son corps. Le singe, entraîné par son instinct d'imitation, se mit à gesticuler, et d'une manière si grotesque, que tout l'auditoire partit d'un grand éclat de rire. L'orateur, persuadé qu'on se moque de lui, se fâche et gesticule plus que jamais ; le singe, sans se fâcher, imite son maître, secoue vivement bras et jambes, fait des grimaces affreuses ; et les rires du public de redoubler ! Enfin, comme le professeur d'art oratoire perdait contenance, on lui montre du doigt son élève. Le maître comprit et profita de la leçon.

En voilà bien assez pour montrer que le singe ressemble à l'homme pour ses formes, et à l'enfant pour son instinct d'imitation. Mais ces ressemblances de forme et même d'organisation prouvent-elles que l'homme et le singe soient de la même famille ? Elles prouvent bien plutôt le contraire ; car plus la ressemblance est grande entre les deux corps, plus il devient manifeste que notre raison n'est pas un résultat de l'organisation. Sans cela, le singe organisé comme nous, aurait la raison comme nous. Or, sans orgueil, nous pouvons dire que s'il fait nos grimaces, il n'a pas nos pensées.

Ensuite, remarquez que le singe n'accomplit ces caricatures humaines, que parce que l'homme lui a servi de modèle. Supposez que des ours l'eussent formé à leurs habitudes, pensez-vous qu'alors nous admirerions ses singeries? Non; mais nous dirions : oh! que le singe est ours! Il n'y a donc pas entre les actes de l'orang-outang et les nôtres une *ressemblance ;* mais une *imitation*.

Et observez que ces imitations, par nous imposées, sont pénibles pour les singes. Les animaux ainsi façonnés deviennent tristes, mélancoliques, et meurent jeunes; preuve évidente qu'on avait contraint leur nature. Leur place était marquée dans une forêt, et non dans un salon.

Quant à leur gentillesse, leur familiarité, leur affection, tout cela ne dure pas; en avançant en âge, le singe le plus doux devient méchant. Il en est de même pour l'intelligence; tandis qu'elle se développe chez l'homme, elle décroît chez le singe. Cette différence est empreinte dans notre organisation : notre front s'agrandit, et notre cerveau s'étend ; le front du singe s'abaisse et son cerveau s'affaiblit. L'homme est fait pour progresser, le singe pour déchoir.

Un autre privilége de l'homme, c'est que lui seul parle dans la création terrestre; cela devait être, car lui seul avait quelque chose à dire, puisque seul il est doué de raison. Le singe n'a pas besoin de la parole ; quelques sons du gosier, quelques plis des lèvres lui suffisent pour concerter avec ses semblables le pillage d'un jardin.

Le concours que les singes se prêtent entre eux me conduit à signaler une autre opposition. L'homme a réduit tous les animaux en servitude. Les uns labourent ses champs, les autres lui donnent des habits ; les plus forts, tels que l'éléphant, combattent pour lui; les singes n'ont rien fait d'analogue. Aujourd'hui, comme il y a six mille ans, ils sont réduits à lutter seuls contre toute la création, morte ou vivante; ils ont si peu de discernement, que la vue d'une tortue les fait fuir comme celle d'un serpent !

On a fait une remarque sur tous les animaux que j'applique particulièrement au singe : il est incapable d'allumer le feu, ni même de l'alimenter. Ce n'est pas indifférence de sa part. Au contraire, les singes aiment tant les flammes, que lorsque le sauvage fait jaillir l'étincelle dans les bois, ils accourent se chauffer. C'est donc bien le Créateur qui a refusé le feu à cet animal, et précisément parce que cet animal manquait de la raison nécessaire pour s'en servir.—Vous représentez-vous les maux incalculables qui résulteraient de l'emploi du feu par un être privé de raison? Quels terribles et nombreux incendies de forêts, de récoltes, d'habitations seraient sans cesse à redouter ! Non, le Créateur n'a pas voulu que l'étincelle fût mise à la disposition du singe, preuve aussi simple que puissante que Dieu traite le singe comme un animal privé de raison.

Le nom de Dieu me conduit enfin à la grande opposition qui sépare l'homme de tous les animaux. Le devoir, le juste, un Créateur, une Providence, un avenir, un jugement, en un mot, une religion, voilà ce qui nous élève au-dessus de tous les êtres terrestres; voilà nos titres de noblesse, notre couronne glorieuse; noble, sublime parenté : nous sommes enfants de Dieu ! — Quiconque le nie doit se reconnaître petit cousin des singes.....

LE LION

Vous avez cent fois entendu dire : « Le lion est le roi des animaux. » C'est une qualification très-fausse. Un roi règne, gouverne, commande; le lion ne fait rien de tout cela ; il tue, mange et se repose. On dit : « Heureux comme un roi. » Si les rois sont heureux, les lions le sont-ils, eux misérablement tourmentés par la faim ? On a encore comparé le lion au roi pour sa générosité. La comparaison n'est pas plus juste sur ce point. Le lion se contente de ne pas égorger sans nécessité ; tout au plus va-t-il jusqu'à dédaigner de faibles ennemis qui ne peuvent lui faire aucun mal.

Le lion est-il donc un tyran, faisant trembler son peuple, et mangeant ses sujets pour le plaisir d'exercer sa cruauté? Pas davantage : non-seulement le lion n'attaque personne quand il n'est pas pressé par le besoin, mais encore il peut être assez apprivoisé pour jouer avec l'homme; on l'a vu même partager sa nourriture avec ceux qui jadis lui avaient rendu des services.

Si le lion n'est ni roi, ni heureux, ni cruel, ni magnanime, qu'est-il donc? Si je l'osais, je définirais le lion : une bête puissante, tourmentée par la faim. Oui, la faim, et une faim d'autant plus vorace, qu'il est plus fort; d'autant plus constante, qu'il n'a que rarement les moyens de la satisfaire. Oui, un animal presque constamment affamé, voilà celui qu'on proclame heureux comme un roi!

Ainsi, apaisez sa faim, et ce lion s'humanise. Traitez-le bien, surtout traitez-le bien dès sa naissance, et il ne sera plus dangereux. Si quelques lions restent terribles en captivité, c'est presque toujours pour une cause qui les excuse; le mâle, par exemple, parce qu'on le maltraite; la femelle, parce qu'elle veille sur ses petits. Si l'on vous mettait en cage, vous, mes agneaux, je crois que, par moments, vous y deviendriez, sinon lion, du moins chat, pour miauler, vous plaindre, et, s'il était possible, vous échapper ! Il ne faut donc pas trouver cruel le lion, qui fait ce que vous feriez.

Je pourrais vous raconter les traits de générosité et de reconnaissance que l'histoire nous a conservés de la part du lion : par exemple, celui d'un lion rendant à une mère en larmes l'enfant qu'il emportait dans sa gueule ; ou bien, celui du lion épargnant le criminel qu'on lui donna à dévorer, en reconnaissant celui qui jadis avait extrait une épine de sa patte ; mais j'aime mieux vous citer des faits plus simples, et peut-être plus vrais.

Un lion renfermé dans sa cage voit passer au-dessus de ses barreaux une tête d'homme, couverte d'une peau d'animal. Etonné, il tend la patte, saisit la peau qui n'était qu'une casquette ; et alors, reconnaissant son maître dessous, il lui rend son couvre-chef, et pour témoigner qu'il n'a pas eu l'intention de l'offenser, le lion se couche sur le dos, les quatre pattes en l'air, comme un petit chien demandant pardon ! Voyez-vous ce lion, disant par sa posture :

« Pardon, excuse ! Je ne savais pas que c'était vous, mon ami. »

Cette humble posture de la brute implorant le pardon de l'homme m'apparaît comme une révélation du Créateur. Il a voulu qu'on nous demandât grâce ; ce qui suppose qu'il a compté que nous l'accorderions. Il y a même là comme une image de nos rapports avec le Ciel. « Miséricorde ! » crie le pécheur à genoux. — « Je te sauve, » répond Jésus sur la croix. C'est toujours le pardon demandé et donné.

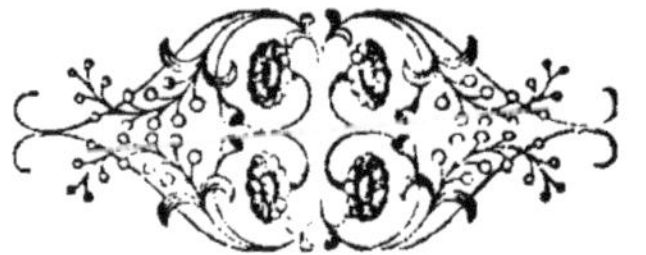

LE LÉOPARD

Connaissez-vous, mes amis, un quadrupède armé de griffes mobiles et de dents aiguës, orné de quelques longs poils en guise de moustaches, ayant l'échine souple, faisant le gros dos, marchant sans bruit, s'élançant par bonds, miaulant dans ses tristesses, et faisant rourourou dans ses béatitudes ?

— Oui, c'est le chat.

— C'est aussi le tigre et le léopard. Il n'y a guère entre eux d'autre différence que celle de la taille, de la nuance et des dessins de la peau. Du côté du lion, les distinctions sont encore moins sensibles. Le lion est d'une couleur unie, le tigre est rayé, le léopard tacheté; voilà tout ce qui différencie ces animaux au premier regard.

Aussi, le chat, le tigre, le léopard et même le lion, sont-ils de la même famille ; on peut les dire petits cousins. C'est un tigre en miniature que vous caressez chaque jour. Songez-y bien ! mais aussi ce léopard et ce tigre, dont vous avez si grande peur, peuvent s'apprivoiser comme le chat. Cela vous montre ce que peut l'éducation. Pour vous donner une idée de la force de ces animaux, je vous citerai l'exemple d'un combat entre un tigre d'une part, et trois éléphants de l'autre, où cependant on avait eu la précaution de cuirasser le poitrail des éléphants et de tenir le tigre enlacé ! Malgré cette inégalité, le tigre attaqua, se défendit et ne céda qu'au nombre. Toutefois, on a vu ce même animal suivre son maître dans la rue, rôder dans des appartements, demander des caresses, se frotter contre la jambe, faire le dos d'âne sous la main, et pleurer même quand ses amis, hommes ou bêtes, s'éloignaient. Décidément, on peut vaincre son caractère, quand on est tigre ou léopard ; ne le pourrait-on plus, parce qu'on est homme ou enfant ?

L'OURS

L'ours est encore un de ces animaux calomniés qu'on appelle *féroces* et qui ne méritent guère que le nom d'*affamés*. En général, l'ours se nourrit de végétaux, et s'il a parfois recours à la chair pour vivre, c'est quand il ne peut pas faire mieux. Dans les régions chaudes, il mange uniquement des fruits ; vers le pôle, où l'herbe manque, force lui est de dévorer des phoques... et des hommes dans l'occasion.

On peut dire même que l'ours n'attaque presque jamais l'homme, mais attaqué, il se défend ; le plus souvent, il prend la fuite, et ce n'est que lorsqu'il se sent sérieusement blessé, qu'il devient furieux et se retourne sans précaution contre ses agresseurs. L'homme n'en fait-il pas autant, et même pire? Croyez-vous que devant un conseil d'ours blancs, roux ou noirs, l'homme serait déclaré innocent?

Puisque je viens de dire qu'il y a des ours blancs qui vivent sur les glaces du pôle, des noirs qui se trouvent en Amériqne, et des roux en Europe, je ferai remarquer que cette famille a en cela un trait de ressemblance extérieure avec la famille humaine. Notre race, comme la leur, a ses blancs, ses noirs et ses roux. Mais là s'arrête la similitude : tandis que nos blancs réduisent nos noirs en esclaves, l'ours respecte son frère, quelle que soit la couleur de sa fourrure... A cet égard encore, nous n'avons rien à lui reprocher; la cruauté n'est pas de son côté.

Enfin, on pourrait reprocher aux ours d'être gourmands; ils ont un goût prononcé pour le miel, les ananas, le sucre, en un mot, les douceurs. Mais vous, mes enfants, recherchez-vous donc beaucoup les amertumes? Vous voit-on prendre avec plaisir la rhubarbe, l'huile de ricin, ou de foie de morue? L'ours aime le sucre, c'est vrai, mais le sucre ne lui fait pas négliger ses amis ; comme vous allez le voir.

Un ours apprivoisé jouait sur le pont d'un navire avec les passagers, et plus particulièrement avec une petite fille de quatre ans qu'il avait prise en grande affection. Une fois, pour divertir l'enfant, il la saisit d'une de ses pattes, et des trois autres il monte aux agrès jusqu'à la place large et commode qui formait plateau à mi-hauteur du mât. Là, l'ours dépose sa jeune compagne et continue à jouer avec elle. Mais la mère de l'enfant, instruite du fait, ne goûte pas du tout la plaisanterie. Que faire ? on imagine d'aller chercher du sucre et d'en jeter en abondance sur le pont pour allécher le gourmand (non pas l'enfant, mais l'ours ; on pourrait s'y tromper). Le moyen réussit très-bien, l'animal descendit ; mais descendit avec la fillette soigneusement appuyée sur son sein et soutenue d'une main, je veux dire d'une patte. Si bien que la bête, dite féroce, pensa d'abord à sa petite amie et ensuite aux gros morceaux de sucre. Est-il bien sûr que sa compagne en eût fait autant ? Voyons, mes amis, vous, qui connaissez les enfants, qu'en pensez-vous?...

Il ne faut donc pas jeter si fort la pierre à l'ours; ou, du moins, il faut commencer par faire mieux que lui.

L'ÉLÉPHANT

Si j'étais un savant naturaliste, ambitieux de créer une classification nouvelle des animaux, je les diviserais seulement en deux catégories : ceux que j'aime et ceux que je n'aime pas; ou plutôt j'en ferais une seule et longue série selon le degré d'affection que j'ai pour tous. Parmi ceux que j'aime le plus, je mettrais l'éléphant, et au nombre de ceux que j'aime le moins, je placerais le singe. Je pense n'être pas le seul à sentir cette préférence, ce qui me conduit à une question intéressante : Pourquoi préférons-nous, et de beaucoup, l'éléphant au singe? Est-ce pour sa beauté? Non, car au premier coup d'œil rien de plus laid que cette masse informe de chair, recouverte d'une peau raboteuse, grossière, noirâtre, dégoûtante. Et puis ces grandes oreilles, à côté ces tout petits yeux, ce long nez, qui ressemble à une queue, et qui sert de bras, de main et de doigts. Tout cela n'est pas beau. Ces quatre jambes, qui rappellent les quatre tours d'un jeu d'échecs, ne sont guère plus gracieuses. Enfin cet animal, qui, au premier abord, ne peut faire un pas ni même soulever sa trompe sans éveiller en nous la terreur, rien de tout cela n'est très-aimable... et cependant nous aimons l'éléphant ! Pourquoi donc?

Serait-ce pour son intelligence? Je serais assez disposé à le croire, si je n'avais pas d'abord établi entre lui et le singe une comparaison; le singe est à peu près aussi intelligent que l'éléphant, et cependant nous l'aimons beaucoup moins. L'intelligence de cet énorme animal n'est donc pas la cause de la préférence marquée que nous lui donnons sur le petit.

Mais je viens de dire que l'éléphant est énorme. En effet quinze pieds de hauteur dépassent de si haut l'homme, le bœuf, le chameau, que nous sommes toujours stupéfaits à la rencontre de ce géant. Cette taille, cette solidité lui donnent une force sans égale au milieu de nos serviteurs. Ne seraient-ce donc pas les grands services que l'éléphant peut nous rendre en portant nos fardeaux et nos personnes, qui nous les font tant aimer? Non plus, car nous avons vu des singes se rendre utiles dans une maison, tenir la place d'un domestique, ouvrir la porte, servir à table; et malgré tous ces services, nous avons éprouvé une certaine répugnance pour ces messieurs. Il n'y a pas, je crois, parmi vous, un seul petit garçon qui voulût avoir un singe pour laquais; tandis que j'ai vu une petite fille bien aise de monter sur un éléphant! Si l'utilité de l'éléphant n'est pas le motif de notre préférence sur le singe, quel est donc ce motif? Le voici: c'est que l'éléphant est lui-même capable de nous aimer, tandis que le singe n'aime que lui-même! Oui, mes enfants, l'amour pour les autres, voilà ce qui fait que les autres nous aiment. Et pour mieux vous en convaincre, je vais vous raconter quelques traits de notre aimable ami.

Chose remarquable, l'animal le plus fort de tous, est de sa nature parfaitement inoffensif; il ne fait la guerre à personne. Il faut qu'il soit attaqué pour qu'il se défende; si parfois on l'a vu ravager un champ, un village, c'est qu'il y venait pour venger un des siens maltraité. Si un jour il a pris une noix de coco à l'étalage d'un marchand et en a frappé son gardien, c'est que la veille son gardien avait brisé une noix de coco sur son front. — Je sais un personnage qui s'amusait à peindre un éléphant la trompe relevée. Pour que l'animal restât dans cette position, le dessinateur feignait de lui jeter du sucre dans la bouche. Mais l'éléphant, voyant qu'on le trompait, vint cracher sur l'œuvre de l'artiste. Etait-ce de la méchanceté? Non ; il ne faut pas demander plus à la bête qu'à l'homme ; et si l'homme en avait fait autant à un peintre éléphant, nous aurions trouvé le tour bien joué. L'éléphant est naturellement si doux, surtout quand il a été apprivoisé, qu'il lui est arrivé après être retourné à la liberté des forêts de revenir à la servitude du travail sur la simple invitation de son ancien maître. L'homme peut obtenir une véritable affection de ce serviteur. On a vu un éléphant refuser de dormir dans un nouveau domicile où son cornac n'avait pas son lit; et ce ne fut qu'après avoir vu suspendre un hamac pour son ancien camarade de chambre que l'animal consentit enfin à se coucher. Il ne s'attache pas seulement à l'homme, mais encore à la bête. Un petit chien, son compagnon dans une ménagerie, se trouvait avec le public derrière une cloison ; l'éléphant entendant son petit ami aboyer, excité par les taquineries d'un visiteur, brisa les planches d'un coup de trompe et se montra tout-à-coup aux yeux de l'assemblée étonnée, pour protéger la faible créature. Un autre voyant son frère dans une fosse creusée par des chasseurs, vint à son secours et lui tendit la main, c'est-à-dire sa trompe, pour le tirer du piége, au risque d'être lui-même fait prisonnier.

Tous ces exemples ne montrent l'affection de l'éléphant qu'envers ceux qu'il connaît déjà ; mais le suivant prouve que cet animal est humain, même envers des inconnus. Un éléphant était au milieu d'un train d'artillerie en marche ; un canonnier qui dormait sur un caisson se laissa tomber ; la voiture suivante allait écraser l'homme, lorsque le prudent animal saisit vivement la roue avec sa trompe et la soutint en l'air jusqu'à ce que le péril fût passé. Mais voici un fait plus concluant encore. Un prince indien se rendait à son palais en grande hâte par les rues de sa capitale, encombrées d'étalagistes et de passants. L'éléphant n'osait avancer, crainte de blesser quelqu'un ; il ne voulait pas non plus s'arrêter, de peur d'attarder son maître. Il fut assez habile pour ne s'arrêter nulle part et pour ne blesser personne : de sa trompe il pousse à droite, à gauche, ceux que son pied risque d'atteindre. Il fait mieux que de crier : « Prenez garde! prenez garde! » il prend garde lui-même au profit d'une foule d'étrangers.

Mais vous aimerez encore plus ce généreux serviteur quand vous saurez qu'on en a fait une bonne d'enfant, berçant un petit poupon entre ses jambes. La femme de son gardien avait une fois laissé son bambin folâtrant au pied de l'animal ; quand le petit être venait dans ses jeux vraiment innocents s'embarrasser entre les pattes de l'éléphant, ou dans les branches feuillées qui lui servaient de nourriture, son gros ami le tirait de là, le transportait un peu plus loin, ou bien écartait l'obstacle. Et lorsque l'enfant s'éloignait assez pour que l'énorme quadrupède enchaîné ne pût le protéger, la bonne d'enfant tendait sa trompe et ramenait son protégé à la portée de sa puissante main.

Eh bien! comprenez-vous maintenant pourquoi nous préférons l'éléphant au singe? C'est un ami pour nous, et non un moqueur. Il nous donne ainsi le secret pour nous faire aimer des autres : c'est de commencer par les aimer nous-mêmes.

LE CHAMEAU

Un soir, au coucher du soleil, sur le bord de la mer, lorsque l'ouvrier revenait des champs et que le pêcheur gagnait le large, deux frères se promenaient sur le rivage de la Méditerranée.

Regarde, disait l'un, regarde comme tout s'harmonise dans la nature : le silence tombe avec la nuit comme pour favoriser le sommeil des créatures fatiguées d'un long jour; les étoiles percent l'obscurité pour inviter à la réflexion l'homme que son activité dévorante abandonne à cette heure; le soleil se cache pour épargner nos yeux qui se ferment.

— Est-ce tout? dit l'autre.

— Non; regarde ces troupeaux revenant de la

prairie, comme affaissés sous le poids de leur toison, de leur lait, de leur chair même, et qui nous apportent vêtements, nourriture, concours à nos travaux. N'est-il pas admirable que tant d'êtres aient été préparés pour nous et que nous ayons en quelque sorte été préparés pour eux; car ces agneaux, ces chèvres, ces bœufs même, sans leurs maîtres, ne seraient plus soignés; c'est moins un service qu'ils nous rendent, que ce n'est un échange que nous faisons avec eux.

— As-tu fini?

— Pas encore; regarde-toi toi-même, et admire comme tout dans ton corps est approprié à tes besoins : une stature droite qui te permet de voir au loin, d'entendre de tous côtés et d'atteindre à tout plus promptement; deux jambes longues, solides, pliantes, agiles, qui te portent où tu veux avec rapidité; deux mains, fidèles servantes, pour façonner la matière à ta guise; deux yeux, perçants, mobiles, clos par deux grilles croisées, protégés par un casque saillant, le tout pour t'avertir du danger, découvrir ta proie, te montrer tes amis, et surtout te révéler ce ciel où le nom d'un Dieu puissant et bon brille en lettres de diamant!

Tout cela n'est-il pas harmonie, lumière, langage clair, saisissant, pour te dire : un Créateur t'a fait, la Providence veille sur toi, et un avenir t'attend...

— Je ne vois pas plus là d'harmonie que sur ma main ! Le silence du soir vient tout simplement de ce que les travaux cessent et de ce que les bêtes vont se coucher. Si le lait de vache nous abreuve, si la chair de bœuf nous nourrit, si la toison des moutons nous réchauffe, c'est tout simplement parce que nous l'avons arrangé de la sorte ; et si nos pieds nous portent, si nos yeux nous éclairent et nos mains nous servent, c'est parce que cela se trouve ainsi.... Le hasard...

Ici l'orateur s'arrêta, et comme la fraîcheur du soir se faisait sentir, il cacha ses mains, l'une dans son sein, l'autre dans sa poche. Nos deux causeurs cheminaient en silence, lorsque le frileux aperçut et ramassa sur la route quelque chose de brun ; il l'examine et s'écrie :

— Tiens ! une paire de gants ! comme cela me va bien ; j'avais si froid aux mains ! Et ce disant, notre homme se gante à l'instant. En vérité, dit-il, ils semblent faits pour moi. En tout cas, ils ont été faits pour quelqu'un ; en attendant, je m'en sers.

— Faits pour quelqu'un ? dit l'autre ; tu perds la tête ! Ces gants n'ont été faits ni pour toi, ni pour personne. Ils n'ont pas même été faits ; s'ils vont à la main d'un homme, c'est par hasard....

Le ganté ne répondit rien. L'autre continua.

— Quoi ! cette paire de gants aurait un fabricant, elle serait le résultat d'une intention, elle indiquerait un but, celui de ganter quelqu'un, et tu nierais que ce monde fût aussi bien tourné qu'un gant ? Il aurait fallu un artiste en couture pour ajuster ces petites pièces de peau ; et sans artiste, l'univers se serait ajusté précisément au gant de la vie humaine ? Cher ami, ta science me rappelle un mot que je n'ose pas te dire...

— Dis toujours.

— Soit, le voici : oh ! que parfois les hommes d'esprit sont bêtes !

Mes enfants, cette histoire m'est venue à la pensée, à l'occasion du chameau. Le chameau, c'est le gant du désert ; ils se vont si bien l'un à l'autre, qu'évidemment Dieu a créé cet animal pour ce lieu ; et tous les deux pour nous. Vous allez en juger.

Il y a sur plusieurs parties du monde, en particulier, dans le centre de l'Afrique, de vastes plaines désertes privées non-seulement d'habitants, mais encore de toute végétation et de tout courant d'eau. Pour les traverser, il faut des semaines ; or, on ne saurait passer des semaines sans boire ni manger. Porter des provisions pour les bêtes et pour les hommes n'est pas chose facile, quand on est déjà chargé de marchandises et écrasé de chaleur. Cependant si ces déserts ne sont pas franchis, les vastes contrées qui sont aux deux extrémités ne seront pas mises en rapport ; les relations de commerce et d'amitié deviendront impossibles. Qu'a fait Dieu pour lever toutes ces difficultés ?

Il a créé le chameau !

Oui ; d'abord, le chameau a un pied fait exprès pour les sables chauds et les sentiers unis. Sur une route boueuse, sur un chemin pierreux, cet animal ne pourrait marcher longtemps sans déchirer son pied et voir enfler ses jambes. Il lui faut un chemin sec et plat.

Cette sécheresse, utile à son pied, ne nuira pas à sa

soif, car le chameau a quatre ou cinq estomacs lui servant de citerne pour tenir l'eau en réserve. Il remplit ses magasins avant de partir, et il se désaltérera tout en marchant, quand la soif se fera sentir ; mais avec une telle économie, qu'il passera, s'il le faut, huit jours sans renouveler sa provision. Hélas ! parfois, son puits naturel lui porte malheur. Quand le voyageur, qui l'accompagne, n'a plus d'autre ressource, il tue le chameau et se désaltère au réservoir de son serviteur.

Mais ce n'est pas tout que de boire ; il faut manger. Le chameau sera donc fait de telle sorte qu'il puisse jeûner ou se contenter de si peu de nourriture, qu'il vivra des broussailles du chemin. Sans même s'arrêter, il tend sa langue, cueille une épine et rumine en avançant ; mais comme l'épine ne lui suffit pas toujours, le Créateur a pourvu le chameau d'un amas de graisse sur le dos. En guise de dîner, sa bosse diminue, le chameau est nourri, et il continue patiemment.

Enfin, même avec une bosse pour nourriture et quatre réservoirs d'eau pour sa soif, on peut encore n'avoir pas assez pour traverser un désert immense sous un soleil ardent. On peut, par force ou par erreur, perdre son chemin. Peut-être, sur cette nouvelle route, se trouve-t-il une source cachée ; peut-être un ruisseau dans le lointain. Comment le savoir ? comment en profiter ? Encore ici l'instinct de l'animal vient au secours de la caravane. Le chameau a l'odorat si fin, qu'il sent l'eau là même où personne ne soupçonne rien. A cette approche, il s'anime, double le pas, s'écarte de la route et découvre le lac, le ruisseau, la source, à la grande satisfaction des voyageurs haletants.

Qu'aurait-on fait, sans le chameau, dans de telles contrées? On ne les eût pas traversées, ou, en les traversant, on y fût mort. Vous voyez donc que le chameau est le gant du désert.

LA GIRAFE

On s'étonne parfois de la grande variété des êtres. Qu'il y ait des oiseaux, des bœufs, des poissons, on le comprend, parce qu'on se dit : il y avait trois domiciles fort différents à remplir : les airs, la terre et l'océan. Mais pourquoi dans chacune de ces classes y a-t-il tant d'espèces différentes ? Pourquoi l'immense variété qui sépare la fourmi de l'éléphant ? Pourquoi les uns ont-ils six pattes, les autres cent ? Pourquoi ceux-ci deux mains et ceux-là quatre ? Pourquoi ici de longs membres et là des membres courts ? Pour nous en tenir à la girafe, pourquoi lui donner les jambes de devant plus longues que celles de derrière, tandis que le sanglier, au contraire, a les jambes de derrière plus longues que celles de devant? C'est toujours pour la même raison qui a fait créer des oiseaux, des quadrupèdes et des poissons : les formes variées de tous ces animaux sont appropriées aux lieux qui doivent leur fournir la nourriture. Ainsi, nos porcs, qui, comme les gourmands, aiment les truffes cachées dans la terre, ont reçu du Créateur des jambes de devant plus courtes, afin que leur museau fût plus près du sol où l'animal devait fouiller. Par la même raison, le Créateur a donné à la girafe, non-seulement de longues jambes au-dessous de sa tête, mais encore un long cou, pour que la bête atteignît les feuilles sur les tiges élevées. La girafe a si bien été faite pour brouter sur les arbres, que, le voulût-elle, elle ne saurait se nourrir de l'herbe des champs; elle ne saurait atteindre la terre de ses lèvres, qu'à la condition d'écarter les pieds d'une manière pénible et contre nature.

Vous le voyez, tout, dans la création, a sa raison d'être tel que cela est ; il ne nous manque pour nous en apercevoir qu'un peu plus d'attention.

La girafe nous intéresse par son caractère doux, confiant, affectueux. Nous avons bien vu le cerf verser des larmes, mais il pleurait sur lui-même expirant sous la main du chasseur ; tandis qu'on a vu la girafe pleurer parce qu'on l'avait séparée de son gardien. A-t-on vu beaucoup d'enfants pleurer en quittant leur maître d'école ?

LE BUFFLE

Le buffle est un bœuf sauvage qui peut cependant s'apprivoiser. Ses ressemblances avec la vache sont si grandes, qu'à première vue on aurait peine à l'en distinguer. Comme tous les animaux qui se nourrissent de végétaux, le buffle n'attaque personne. S'il s'élance parfois sur un voyageur, c'est qu'un autre voyageur s'était déjà jeté sur lui-même. Un jour qu'un buffle courait furieux contre un Indien, le fuyard lui lança son turban rouge. L'animal tourna sa colère contre le chiffon, et l'Indien fut sauvé. Si l'homme eût gardé son couvre-chef, l'animal l'aurait éventré, et l'on n'eût pas manqué de dire que le buffle est une bête féroce qui tue les voyageurs....

Mes amis, tous les livres ont une conclusion, que les enfants ne lisent pas. Passons donc au volume suivant ; allons nous promener à la campagne, pénétrons dans la ferme, visitons le moulin, faisons une course à la vigne, reposons-nous une heure sur les foins, et, au milieu de ces plaisirs, tâchons d'apprendre comment se font le pain, le vin et toutes ces bonnes choses que Dieu nous a données.

TABLE DES MATIÈRES.

AMIENS. — IMP. DE T. JEUNET.

www.ingramcontent.com/pod-product-compliance
Ingram Content Group UK Ltd.
Pitfield, Milton Keynes, MK11 3LW, UK
UKHW020932180726
13838UKWH00002B/897

9 782329 428284